SICHUANSHENG GONGCHENG JIANSHE BIAOZHUN SHEJI

四川省工程建设标准设计

水泥基泡沫保温板建筑保温系统建筑构造

四川省建筑标准设计办公室

U0352106

图集号　川16J116-TJ

西南交通大学出版社

·成都·

图书在版编目（ＣＩＰ）数据

水泥基泡沫保温板建筑保温系统建筑构造／四川省建筑科学研究院主编. —成都：西南交通大学出版社，2016.7（2017.7 重印）

ISBN 978-7-5643-4845-8

Ⅰ. ①水… Ⅱ. ①四… Ⅲ. ①水泥基复合材料 – 保温材料 – 建筑构造 – 研究 Ⅳ. ①TU55②TU37

中国版本图书馆 CIP 数据核字（2016）第 171391 号

责 任 编 辑　　李芳芳
封 面 设 计　　何东琳设计工作室

水泥基泡沫保温板建筑保温系统建筑构造

主编单位　　四川省建筑科学研究院

出 版 发 行	西南交通大学出版社（四川省成都市二环路北一段 111 号西南交通大学创新大厦 21 楼）
发行部电话	028-87600564　　028-87600533
邮 政 编 码	610031
网　　　址	http://www.xnjdcbs.com
印　　　刷	四川煤田地质制图印刷厂
成 品 尺 寸	260 mm × 185 mm
印　　　张	2.5
字　　　数	61 千
版　　　次	2016 年 7 月第 1 版
印　　　次	2017 年 7 月第 2 次
书　　　号	ISBN 978-7-5643-4845-8
定　　　价	25.00 元

四川省住房和城乡建设厅

川建勘设科发〔2016〕540号

四川省住房和城乡建设厅关于发布《水泥基泡沫保温板建筑保温系统建筑构造》为四川省建筑标准设计推荐图集的通知

各市(州)及扩权试点县(市)住房城乡建设行政主管部门：

　　由四川省建筑标准设计办公室组织、四川省建筑科学研究院主编的《水泥基泡沫保温板建筑保温系统建筑构造》图集，经我厅组织审查，批准为四川省建筑标准设计推荐性图集，图集编号为川16J116-TJ，自2016年10月1日起施行。

　　该图集由四川省住房和城乡建设厅负责管理，四川省建筑科学研究院负责具体解释工作，四川省建筑标准设计办公室负责出版、发行工作。

　　特此通知。

二〇一六年六月二七日

主题词：城乡建设　建筑标准　设计　通知

抄送：各工程勘察设计单位

四川省住房和城乡建设厅办公室　　　　　　　　　　　　2016年6月27日　印

水泥基泡沫保温板建筑保温系统建筑构造

批准部门：四川省住房和城乡建设厅　　批准文号：川建勘科发〔2016〕540号

主编单位：四川省建筑科学研究院　　图集号：川16J116-TJ

参编单位：四川智胜广厦建筑节能　　实施日期：2016年10月1日
　　　　　科技有限公司

主编单位负责人：

主编单位技术负责人：

技术审定人：

设计负责人：

目　录

	目　　录					图集号	川16J116-TJ
审核	韦延年	校对	黎　力	设计	于佳佳	页　次	1

编制说明

1 编制依据

《建筑地面设计规范》	GB 50037—2013
《民用建筑热工设计规范》	GB 50176—93
《公共建筑节能设计标准》	GB 50189—2015
《屋面工程技术规范》	GB 50345—2012
《外墙饰面砖工程施工及验收规程》	JGJ 126—2015
《外墙外保温工程技术规程》	JGJ 144—2004
《抹灰砂浆技术规程》	JGJ/T 220—2010
《外墙内保温工程技术规程》	JGJ/T 261—2011
《建筑外墙外保温防火隔离带技术规程》	JGJ 289—2012
《四川省居住建筑节能设计标准》	DB 51/5027—2012
《建筑节能工程施工质量验收规程》	DB 51/5033—2014
《四川省水泥基泡沫保温板建筑保温工程技术规程》	
	DBJ51/T 051—2015

2 适用范围

本图集适用于四川省新建、扩建和改建的民用建筑外墙、屋面、楼地面采用水泥基泡沫保温板(简称水泥发泡板)的保温工程。

3 设计要点

3.1 基本规定

3.1.1 水泥发泡板适用于外墙外保温、外墙内保温、非透明幕墙基墙外侧保温、屋面保温、楼地面保温和防火隔离带保温工程。墙面保温工程宜采用Ⅰ型板,板的厚度不小于30 mm并应符合建筑节能设计要求,且不得有负偏差;屋面保温工程和楼地面保温工程宜采用Ⅱ型板,板的厚度应符合建筑节能设计要求,且不得有负偏差。

3.1.2 水泥发泡板外墙外保温工程采用面砖饰面时,居住建筑高度不超过54 m,公共建筑高度不超过50 m。

3.1.3 按本图集使用水泥发泡板建筑保温工程设计时,不得更改系统构造设计和组成材料。

3.1.4 水泥发泡板建筑保温工程应进行防水构造设计。

3.1.5 水泥发泡板用于既有建筑节能改造工程时,应按国家和四川省现行相关标准的规定进行设计、施工和验收。

3.2 建筑构造设计

3.2.1 水泥发泡板外墙外保温系统的构造设计应符合下列要求:

1. 基层墙体应设置坚实、平整的水泥砂浆找平层,且应符合现行行业标准《抹灰砂浆技术规程》JGJ/T 220的规定。

2. 采用涂料饰面时,建筑高度小于54 m,应每两层设置一道支撑托架;建筑高度大于54 m,应每层设置一道支撑托架。采用面砖饰面时,建筑高度不超过32 m,每两层设置一道支撑托架;居住建筑高度超过32 m但不超过54 m,每层设置一道支撑托架;公共建筑高度超过32 m但不超过50 m,每层设置一道支撑托架;支撑托架可为构造挑板或后锚固定的金属托架,宜设置在对应的楼板部位,托架可采用镀锌角钢,制作加工完成后再热镀锌。

3. 门窗洞口四周侧面墙体的水泥发泡板厚度不应小于20 mm。

4. 基层墙体设有变形缝时,外保温系统应在变形缝处断开,端头应设置附加耐碱网格布,缝中填充柔性保温材料,缝口设变形金属盖板。

5. 应结合建筑立面设计合理设置伸缩缝,水平伸缩缝宜按楼层设置,并做好防水设计。

6.女儿墙保温应设置钢筋混凝土压顶或金属压顶,压顶应向内找坡,坡度不应小于2%。

3.2.2 锚栓设置应符合下列要求:

1.用于薄抹灰保温系统和非透明面板幕墙保温系统构造时,锚栓数量不应少于6个/m²,任何部位面积大于0.1 m²的单块板锚栓数量不应少于1个。采用面砖饰面时,锚栓数量不应少于8个/m²,任何部位面积大于0.1 m²的单块板锚栓数量不应少于1个。锚栓分两次安装,第一次在第一遍抹面砂浆(并压入耐碱网格布)完成后安装;第二次在第二遍抹面砂浆(并压入耐碱网格布)完成后安装;第一次和第二次锚栓应错位安装,锚栓应在抹面砂浆稍微干硬至可以碰撞时安装,间隔时间不宜过长,塑料圆盘应压紧耐碱网格布;锚栓宜设置在板缝处。

2.锚栓进入混凝土基层的有效锚固深度不应小于30 mm,进入其他实心砌体基层的有效锚固深度不应小于50 mm。对于空心砌块、多孔砖等砌体宜采用回拧打结型锚栓。

3.薄抹灰保温系统中,位于外墙阳角、门窗洞口周围及檐口下的水泥发泡板,应加密设置锚栓,间距不宜大于300 mm,锚栓距基层墙体边缘不宜小于60 mm。

3.2.3 涂料饰面水泥发泡板薄抹灰外墙外保温工程的建筑物首层及易受冲击或碰撞部位,抹面胶浆内应设置双层大于等于160 g/m²的耐碱网格布;其余部位墙面的抹面胶浆内应设置单层大于等于160 g/m²的耐碱网格布。

3.2.4 外墙阳角和门窗外侧洞口周边及四角部位应采用耐碱网格布增强,并符合下列要求:

1.建筑物首层外墙阳角部位的抹面层中应设置专用护角线条

增强,护角线条应位于两层耐碱网格布之间;

2.二层以上外墙阳角以及门窗外侧周边部位的抹面层中应采用附加耐碱网格布增强,附加耐碱网格布搭接宽度不应小于200 mm。

3.门窗外侧洞口四周耐碱网格布应翻出墙面150 mm,并应在四角的45°方向加铺一层300 mm×400 mm的耐碱网格布增强。

3.2.5 屋面和楼地面保温系统的构造设计应符合下列要求:

1.坡屋面的檐口部位,应有与钢筋混凝土屋面板形成整体的堵头板构造设计或其他防滑移措施。

2.平屋面和楼地面保温系统的保护层应按现行相关标准的规定设置分格缝。

3.水泥发泡板用于层间楼地面保温,应设置在楼板上侧基层,并设保护层。潮湿房间应增设找平层和防水层,底层地坪基层应设防潮层。

3.2.6 水泥发泡板外墙内保温系统的构造设计应符合下列要求:

1.基层墙体应设置坚实、平整的水泥砂浆找平层,且应符合现行行业标准《抹灰砂浆技术规程》JGJ/T 220的规定。

2.水泥发泡板应采用薄浆满粘法。

3.墙面转角及门窗洞口四周的加强措施应按外保温系统要求实施。

4.外墙内侧与内隔墙等热桥连接部位,应采用适宜厚度的水泥发泡板进行处理,宽度不小于300 mm,低限传热阻应符合国家现行建筑节能设计标准的规定。

3.3 建筑热工设计

3.3.1 水泥发泡板的计算导热系数和计算蓄热系数按下列公式计

编制说明	图集号	川16J116-TJ

算：

$$\lambda_c = \lambda \cdot \alpha \qquad (3.3.1-1)$$
$$S_c = S \cdot \alpha \qquad (3.3.1-2)$$

式中　λ_c—水泥发泡板的计算导热系数，W/（m·K）；

λ—水泥发泡板的导热系数，W/（m·K），按本图集表 4.2.1-2选取；

S_c—水泥发泡板的计算蓄热系数，W/（m²·K）；

S—水泥发泡板的蓄热系数，W/（m²·K），按本图集表 4.2.1-2 选取；

α—修正系数，按表 3.3.1 选取。

表3.3.1　修正系数 α 取值

板型	使用部位	修正系数 α
I	外墙外保温及架空楼板下置保温系统	1.20
	外墙内保温系统	1.30
II	屋面及楼地面保温系统	1.25

3.3.2 水泥发泡板用在外墙节能保温工程中的外墙平均传热系数 K_m 和平均热惰性指标 D_m，应按国家和四川省现行相关标准规定的计算方法进行计算。

3.3.3 水泥发泡板在严寒和寒冷地区的外墙及屋面节能保温工程中应用，应按现行国家标准《民用建筑热工设计规范》(GB 50176)的相关规定，进行内部冷凝计算，并采取适宜的防潮构造设计。

4 性能要求

4.1 系统性能

4.1.1 水泥发泡板外墙保温系统性能指标应符合表4.1.1-1 和表

4.1.1-2 的要求。

表4.1.1-1 水泥发泡板外墙内保温系统性能指标

项目	指标	试验方法
拉伸粘结强度	≥0.10 MPa	JGJ/T 261
抗冲击性	10J级	
吸水量	系统在水中浸泡1h后的吸水量≤1.0 kg/m²	
抹灰面不透水性	2 h不透水	

表4.1.1-2 水泥发泡板外墙外保温系统性能指标

项目	指标	试验方法
耐候性	经耐候试验后，表面不得出现起泡、剥落、空鼓、脱落等现象，不得产生渗水裂缝。抹面层与保温层拉伸粘结强度≥0.10 MPa	
吸水量	系统在水中浸泡1h后的吸水量≤1.0 kg/m²	
抗冲击性	建筑物首层墙面以及门窗口等易受碰撞部位：10J级；建筑物二层以上墙面等不易受碰撞部位：3J级	JGJ 144
耐冻融	30次冻融循环后，系统无空鼓、脱落，无渗水裂缝。抹面层与保温层拉伸粘接强度≥0.10 MPa	
抹面层不透水性	2 h不透水	
系统抗拉强度	≥0.10 MPa破坏部位不得位于各界面层	
水蒸气透过湿流密度	≥0.85 g/(m²·h)	GB/T 29906

4.1.2 水泥发泡板屋面保温系统性能，应符合《屋面工程技术规范》(GB 50345)等国家现行标准的相关规定。

4.2 组成材料性能

4.2.1 水泥发泡板表面应平整、无裂缝，无明显缺棱掉角，不允许层裂和表面油污。板的规格尺寸、偏差和物理力学性能指标应符合表4.2.1-1和表4.2.1-2的要求。

表4.2.1-1 水泥发泡板规格尺寸及允许偏差

项 目	规格尺寸		允差	试验方法
	Ⅰ型	Ⅱ型		
长度，mm	500~600	300~600	±2	GB/T 5486
宽度，mm	300~400	300~400	±2	
厚度，mm	≥30	≥20	0~2	
对角线	—	—	≤3	

4.2.2 纤维粘结砂浆的性能指标应符合表4.2.2的要求。

表4.2.2 纤维粘接砂浆性能指标

项 目		指标	试验方法
拉伸粘结强度(与水泥砂浆)，MPa	原强度	≥0.60	GB/T 29906
	耐水(浸水48 h，干燥7 d)		
拉伸粘结强度(与水泥发泡板)，MPa	原强度	≥0.10	
	耐水(浸水48 h，干燥7 d)		
可操作时间，h		2.0~4.0	

表4.2.1-2 水泥发泡板性能指标

项 目		指标		试验方法
		Ⅰ型	Ⅱ型	
干密度，kg/m³		≤250	≤350	GB/T 5486
导热系数，W/(m·K)		≤0.07	≤0.08	GB/T 10294或GB/T 10295
蓄热系数，W/(m²·K)		≥1.0	≥1.5	JGJ 51
抗压强度，MPa		≥0.50	≥0.70	GB/T 5486
垂直于板面抗拉强度，MPa		≥0.10	≥0.12	JGJ 144
干燥收缩值，mm/m		≤0.80		GB/T 11969 快速法
吸水率(V/V)，%		≤10.0		GB/T 5486
碳化系数		≥0.80		GB/T 11969
软化系数		≥0.80		GB/T 20473
放射性核素限量	内照射 I_{Ra}	<1.0		GB 6566
	外照射 I_γ	<1.0		

4.2.3 抹面砂浆的性能指标应符合表4.2.3的要求。

表4.2.3 抹面砂浆性能指标

项 目		指标	试验方法
拉伸粘结强度(与水泥砂浆)，MPa	原强度	≥0.60	GB/T 29906
	耐水(浸水48 h，干燥7 d)		
拉伸粘结强度(与水泥发泡板)，MPa	原强度	≥0.10	
	耐水(浸水48 h，干燥7 d)		
柔韧性	压折比	≤3.0	
可操作时间，h		2.0~4.0	

4.2.4 耐碱网格布的性能指标应符合表4.2.4的要求。

表4.2.4 耐碱网格布性能指标

项 目	指标	试验方法
单位面积质量，g/m²	≥160	GB/T 9914.3
拉伸断裂强力(经纬向)，N/50mm	≥1000	GB/T 7689.5
断裂伸长率，%	≤5.0	GB/T 7689.5
耐碱后拉伸断裂强力保留率(经纬向)，%	≥80	GB/T 20102

4.2.5 塑料锚栓的圆盘公称直径不应小于60 mm，公差为±1.0 mm。膨胀套管的公称直径不应小于8 mm，公差为±0.5 mm。其他性能应符合表4.2.5的要求。

表4.2.5 塑料锚栓性能指标

项 目	性能指标	试验方法
单个锚栓抗拉承载力标准值(普通混凝土基层墙体)，kN	≥0.60	
单个锚栓抗拉承载力标准值(实心砌体基层墙体)，kN	≥0.50	
单个锚栓抗拉承载力标准值(多孔砖砌体基层墙体)，kN	≥0.40	JG/T 366
单个锚栓抗拉承载力标准值(空心砌块基层墙体)，kN	≥0.30	
单个锚栓抗拉承载力标准值(蒸压加气混凝土砌块基层墙体)，kN	≥0.30	

4.2.6 饰面砖背面应有燕尾槽且深度不宜小于0.5 mm，性能应符合表4.2.6及相关标准的规定。

表4.2.6 饰面砖性能指标

项 目		指标	试验方法
单位面积质量，kg/m²		≤20	
单块面积，cm²		≤50	GB/T 3810.2
面砖厚度，mm		≤7	
吸水率，%	VI气候区	≤3	GB/T 3810.3
	III、V气候区	≤6	
抗冻性	VI气候区	50次冻融循环无破坏	GB/T 3810.12
	III、V气候区	10次冻融循环无破坏	

4.2.7 饰面涂料及其原辅料必须与保温系统相容，其性能指标应符合外墙建筑涂料相关标准的规定。

4.2.8 涂料饰面层采用的腻子应与保温系统相容，其性能指标应符合建筑用腻子相关标准的规定。

4.2.9 面砖粘结砂浆的性能指标应符合表4.2.7的要求。

表4.2.7 面砖粘结砂浆性能指标

项 目		指标	试验方法
拉伸粘结强度，MPa	标准状态	≥0.5	JC/T 547
	浸水处理		
	热老化处理		
	冻融循环处理		
	晾置20 min后		
横向变形，mm		≥1.5	JC/T 1004

4.2.10 面砖填缝剂的性能指标应符合表4.2.8的规定。

表4.2.8 面砖填缝剂性能指标

项　目		指标	试验方法
收缩值，mm/m		≤2	
抗折强度，MPa	标准状态	≥3.5	JC/T 1004
	冻融循环处理		
吸水量，g	30 min	≤2.0	
	240 min	≤5.0	
横向变形，mm		≥1.5	
拉伸粘结原强度，MPa		≥0.2	JC/T 547

5 施 工

5.1 一般规定

5.1.1 水泥发泡板建筑保温工程的施工应按经审查合格的设计文件，编制专项施工方案，并进行技术交底，施工人员应经过培训并经考核合格。

5.1.2 水泥发泡板建筑保温工程施工应加强过程控制，应在完成上一道工序的验收后，方可进行下一道工序的施工，并做好隐蔽工程和检验批验收。

5.1.3 水泥发泡板外墙及楼地面节能保温工程必须在电线管道、开关插座、给排水管线铺设安装完备，并经检查合格后方可施工；不允许在节能保温工程施工完成后，进行开槽、开洞、打孔等损坏保温系统的作业。

5.1.4 水泥发泡板外墙外保温施工期间以及完工后24 h内，基层及环境空气温度不应低于5℃。夏季应避免阳光暴晒，雨季施工应做好防雨措施，在空气温度大于35℃，风力大于5级和雨天不得施工。

5.1.5 水泥发泡板应侧立搬运和放置，且应有防潮防雨措施。配套的袋装材料在运输、贮存过程中应防潮、防雨，包装袋不得破损，并应存放在干燥、通风的场所。

5.2 施工准备

5.2.1 水泥发泡板保温工程施工应在设计文件要求的基层施工质量验收合格后进行。基层应坚实、平整、干燥、洁净。找平层垂直度和平整度应符合现行国家标准《建筑装饰装修工程质量验收规范》（GB50210）的规定。

5.2.2 基层及门窗洞口的施工质量应经验收合格，门窗框及墙体基层上各种管线、支架等应按设计位置安装完备，且应按墙体保温系统厚度留出间隙。水暖及装饰工程需要的管卡、挂件等预埋件，应留出位置或预埋完备。

5.2.3 施工用脚手架应按相关标准验收合格，必要的施工机具、计量器具和劳防用品应准备齐全。

5.2.4 伸出屋面的管道、设备、基座或预埋件等，应在水泥发泡板保温工程施工前安装完备，并做好密封及防水处理。

5.3 施工要点

5.3.1 应在建筑物外墙阴阳角及其它必要处挂出垂直基准控制线，宜在每个楼层适当位置挂水平线，以控制水泥发泡板的垂直度和水平度。

5.3.2 纤维粘结砂浆和抹面砂浆应按材料供应商产品说明书的要求配制。搅拌时间自投料完毕后不应小于5 min，并宜按操作时间

编制说明							图集号	川16J116-TJ
审核	韦延年		校对	黎 力		设计	于佳佳	页 次　7

内的用量配制。配制完成后应按产品说明书中规定的时间用完，夏季施工宜在2h内用完。

5.3.3 水泥发泡板的粘贴应符合下列要求：

1.水泥发泡板粘贴应采用薄浆满粘，粘贴之前应清理表面浮灰。

2.水泥发泡板应从首层设置的托架处自下而上沿水平方向横向粘贴，板缝自然靠紧，相邻板面应平齐，上下排之间应错缝1/2板长。

3.采用满粘法施工时，应先用锯齿抹刀在基层上均匀批刮一层厚度不小于3 mm的纤维粘结砂浆，再在水泥发泡板上用锯齿抹刀均匀批刮一层厚度宜为3 mm的纤维粘结砂浆（水泥发泡板与基层上批刮的纤维粘结砂浆的走向应相互垂直），及时将水泥发泡板揉压铺贴在基层上，板与板之间缝隙不得大于1 mm，板与板之间高差不得大于2 mm。

4.墙面转角处应按水泥发泡板的规格尺寸进行排版设计，粘贴时端面垂直交错互锁，并保证墙角垂直度；

5.在门窗洞口四周阳角和外墙角粘贴水泥发泡板时，应先弹出垂直基准线，角部的水泥发泡板不得出现十字通缝。

6.在墙体阳角、门窗洞口阳角和保温板端部位置，应采用耐碱网格布翻包工艺处理。

5.3.4 抹面层施工应符合下列要求：

1.抹面层施工应在水泥发泡板铺贴施工完成并经验收合格后进行。

2.抹面层施工时，应同时在檐口、窗台、窗楣、雨篷、阳台、压顶以及凸出墙面的顶面做出坡度，端部应有滴水槽或滴水线。

3.采用单层耐碱网格布作增强层施工时，抹面层厚度不应小于5mm，耐碱网格布应置于两道抹面砂浆中间。采用双层耐碱网格布作增强层时，抹面层厚度不应小于8mm，耐碱网格布应分别置于第一道与第二道抹面砂浆和第二道与第三道抹面胶浆层中。抹面砂浆总厚度应符合设计要求。

4.锚栓应在第一遍抹面砂浆（并压入耐碱网格布）稍微干硬至可以触碰时在水泥发泡板的角缝处安装，间隔时间不宜过长，塑料圆盘应紧压耐碱网格布。

5.锚栓固定完成后及时抹第二道抹面砂浆，厚度以不露耐碱网格布为准。

6.采用三道抹面砂浆及双层耐碱网格布时，按上述工序进行第二道抹面砂浆施工完成后，压入第二层耐碱网格布和第三道抹面砂浆的施工，抹面砂浆的厚度以不露耐碱网格布为准。

5.3.5 饰面层施工应符合下列要求：

1.抹面层施工完毕后，宜养护7d再进行饰面层施工。

2.涂料饰面层施工时，在抹面层上应采用柔性耐水腻子批嵌平整，不得采用普通腻子，涂料施工工艺及质量要求应符合相关标准规定。

3.面砖饰面层施工应符合现行行业标准《外墙饰面砖工程施工及验收规程》（JGJ 126）的相关规定。

5.3.6 施工过程中和施工结束后应做好对半成品和成品的保护，防止污染和损坏；各构造层在完全固化前应防止淋水、撞击和振

编制说明					图集号	川16J116-TJ
审核 韦延年	校对 黎 力		设计 于佳佳		页 次	8

动。墙面损坏处以及脚手架预留孔洞均应用相同材料进行修补。

5.3.7 水泥发泡板内保温工程施工应符合《外墙内保温工程技术规程》（JGJ/T 261）的相关要求。

5.3.8 水泥发泡板屋面保温工程施工应符合《屋面工程技术规范》（GB 50345）的相关要求。

5.3.9 水泥发泡板用于楼地面保温工程施工时，基层应清洁，水泥发泡板应满粘，表面平整。

5.4 施工流程

5.4.1 非透明面板幕墙基墙外侧水泥发泡板施工工艺流程如图5.4.1所示。

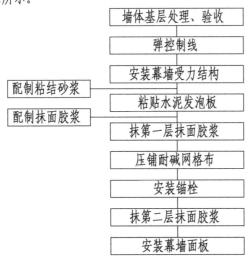

图5.4.1 非透明面板幕墙基墙外侧水泥发泡板施工工艺流程

5.4.2 涂料、面砖饰面水泥发泡板薄抹灰外墙外保温系统施工工艺流程如图5.4.2所示。

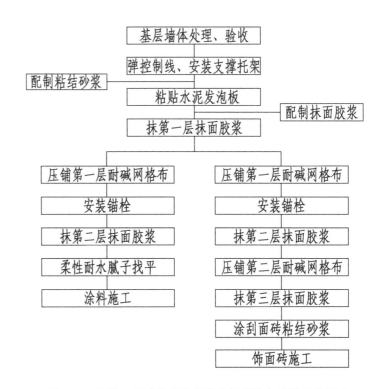

图5.4.2 涂料、面砖饰面水泥发泡板薄抹灰外墙外保温系统施工工艺流程

编制说明	图集号	川16J116-TJ

审核 韦延年　　校对 黎 力　　设计 于佳佳　　页次 9

5.4.3 水泥发泡板外墙内保温系统施工工艺流程如图5.4.3所示。

5.4.4 水泥发泡板坡屋面保温工程施工流程如图5.4.4所示。

图5.4.3 水泥发泡板外墙内保温系统施工工艺流程

图5.4.4 水泥发泡板坡屋面保温工程施工流程

编制说明	图集号	川16J116-TJ
审核 韦延年 校对 黎 力 设计 于佳佳	页 次	10

5.4.5 水泥发泡板层间楼板保温系统施工工艺流程如图5.4.5所示。

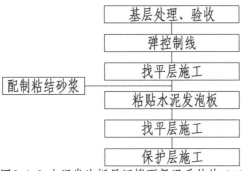

图5.4.5 水泥发泡板层间楼面保温系统施工工艺流程

5.4.6 水泥发泡板底层地面保温系统施工工艺流程如图5.4.6所示。

图5.4.6 水泥发泡板底层地面保温系统施工工艺流程

6 质量验收

6.1 水泥发泡板建筑保温工程施工质量验收应符合《四川省水泥基泡沫保温板建筑保温工程技术规程》（DBJ51/T 051）的相关规定。

6.2 水泥发泡板建筑保温工程施工过程中，应及时进行质量检查、隐蔽工程验收和检验批验收，施工完成后应进行分项工程验收。

6.3 水泥发泡板建筑保温工程的检验批应符合下列规定：

　　1.墙体（含架空楼板）保温工程按采用相同材料、工艺和施工做法的墙面，每1000 ㎡（扣除窗洞面积后）的保温面积为一个检验批，不足1000 ㎡也为一个检验批。

　　2.屋面保温工程按采用相同材料、工艺和施工做法的屋面，每1000 ㎡划分为一个检验批，不足1000 ㎡也为一个检验批。

　　3.楼地面保温工程按采用相同材料、工艺和施工做法的地面，每1000 ㎡划分为一个检验批，不足1000 ㎡也为一个检验批。

　　4.检验批的划分也可根据与施工流程相一致，且方便施工与验收的原则，由施工单位与监理（建设）单位共同商定。

7 其他

　　本图集未注明单位的尺寸均以毫米(mm)为单位。

8 详图索引方法

	编制说明	图集号	川16J116-TJ
审核 韦延年 校对 黎 力 设计 于佳佳		页 次	11

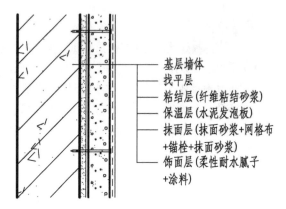

基层墙体
找平层
粘结层(纤维粘结砂浆)
保温层(水泥发泡板)
抹面层(抹面砂浆+网格布
+锚栓+抹面砂浆)
饰面层(柔性耐水腻子
+涂料)

①涂料饰面外墙外保温系统

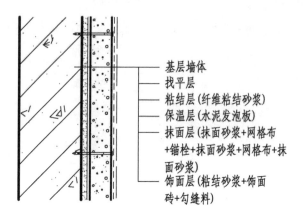

基层墙体
找平层
粘结层(纤维粘结砂浆)
保温层(水泥发泡板)
抹面层(抹面砂浆+网格布
+锚栓+抹面砂浆+网格布+抹
面砂浆)
饰面层(粘结砂浆+饰面
砖+勾缝料)

②面砖饰面外墙外保温系统

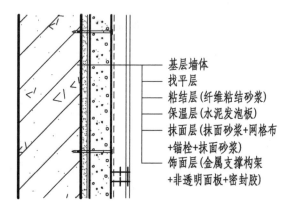

基层墙体
找平层
粘结层(纤维粘结砂浆)
保温层(水泥发泡板)
抹面层(抹面砂浆+网格布
+锚栓+抹面砂浆)
饰面层(金属支撑构架
+非透明面板+密封胶)

③非透明面板幕墙外保温系统

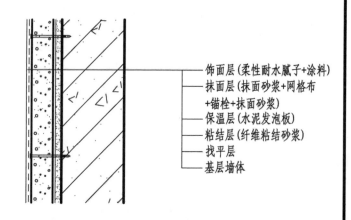

饰面层(柔性耐水腻子+涂料)
抹面层(抹面砂浆+网格布
+锚栓+抹面砂浆)
保温层(水泥发泡板)
粘结层(纤维粘结砂浆)
找平层
基层墙体

④涂料饰面外墙内保温系统

外墙保温系统		图集号	川16J116-TJ
审核 韦延年	校对 黎 力	设计 于佳佳	页 次 12

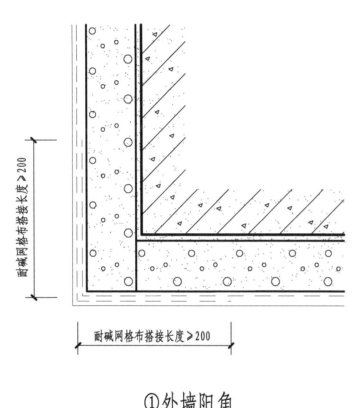

①外墙阳角

②外墙阴角

外保温系统阳角、阴角	图集号	川16J116-TJ
审核 韦延年　　　校对 黎 力　　　设计 于佳佳	页 次	13

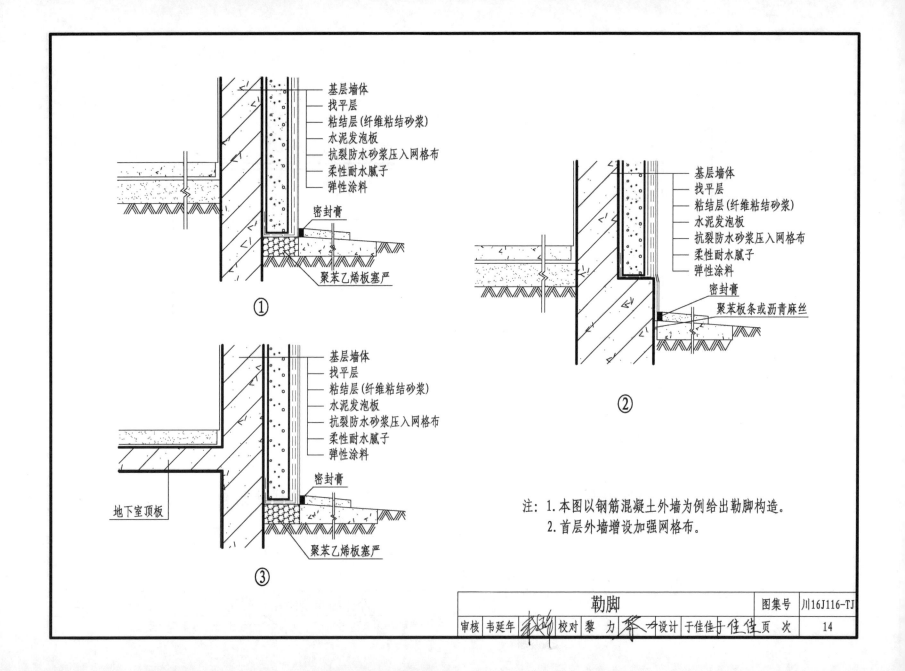

基层墙体
找平层
粘结层(纤维粘结砂浆)
水泥发泡板
抗裂防水砂浆压入网格布
柔性耐水腻子
弹性涂料

密封膏

聚苯乙烯板塞严

①

基层墙体
找平层
粘结层(纤维粘结砂浆)
水泥发泡板
抗裂防水砂浆压入网格布
柔性耐水腻子
弹性涂料

密封膏
聚苯板条或沥青麻丝

②

基层墙体
找平层
粘结层(纤维粘结砂浆)
水泥发泡板
抗裂防水砂浆压入网格布
柔性耐水腻子
弹性涂料

密封膏

地下室顶板

聚苯乙烯板塞严

③

注：1.本图以钢筋混凝土外墙为例给出勒脚构造。
　　2.首层外墙增设加强网格布。

勒脚	图集号	川16J116-TJ
审核 韦延年　校对 黎 力　设计 于佳佳	页 次	14

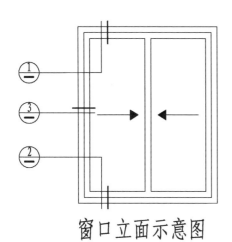

窗口立面示意图

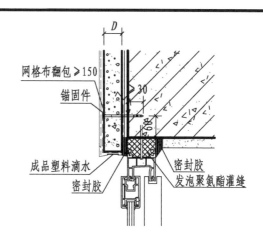

网格布翻包≥150
锚固件
成品塑料滴水
密封胶
密封胶
发泡聚氨酯灌缝

① 窗上口

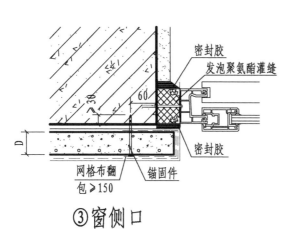

密封胶
发泡聚氨酯灌缝
密封胶
网格布翻
包≥150
锚固件

③ 窗侧口

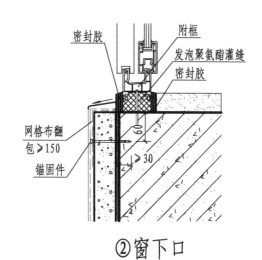

密封胶
附框
发泡聚氨酯灌缝
密封胶
网格布翻
包≥150
锚固件

② 窗下口

注: 1.外窗台排水坡顶应高出附框顶10 mm,且应低于窗框的泄水孔。
　　2.水泥发泡板厚度D详个体工程设计。

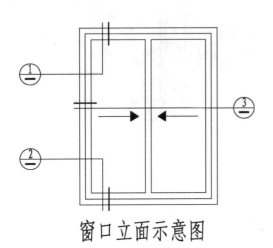

窗口立面示意图

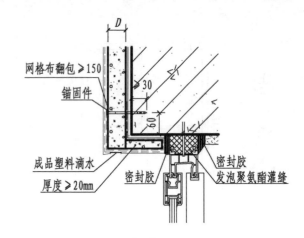

①窗上口

网格布翻包≥150
锚固件
成品塑料滴水
厚度≥20mm
密封胶
密封胶
发泡聚氨酯灌缝

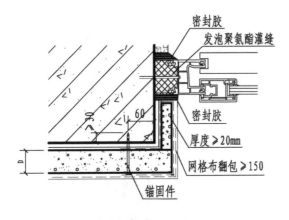

③窗侧口

密封胶
发泡聚氨酯灌缝
密封胶
厚度≥20mm
网格布翻包≥150
锚固件

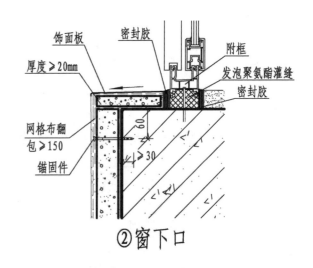

②窗下口

饰面板
密封胶
附框
厚度≥20mm
发泡聚氨酯灌缝
密封胶
网格布翻包≥150
锚固件

注：1.外窗台排水坡顶应高出附框顶10 mm，且应低于窗框的泄水孔。
　　2.窗口部位采用水泥发泡板现场拼接的方法。
　　3.水泥发泡板保温厚度D详个体工程设计。

窗口节点(二)

图集号　川16J116-TJ
审核　韦延年　　　校对　黎　力　　　设计　于佳佳　页　次　16

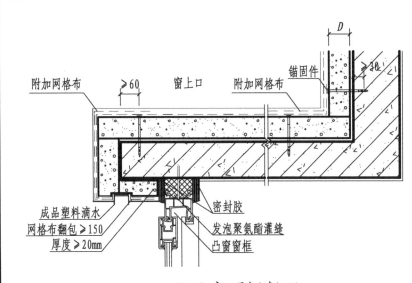

① 凸窗顶板保温

附加网格布 ≥60 窗上口 附加网格布 锚固件 ≥30
成品塑料滴水
网格布翻包≥150
厚度≥20mm
密封胶
发泡聚氨酯灌缝
凸窗窗框

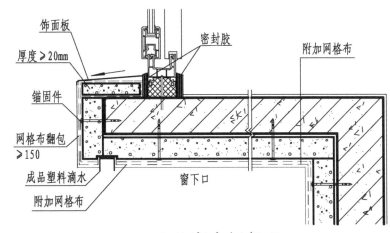

② 凸窗底板保温

饰面板
厚度≥20mm
密封胶
锚固件
网格布翻包≥150
成品塑料滴水
附加网格布
窗下口
附加网格布

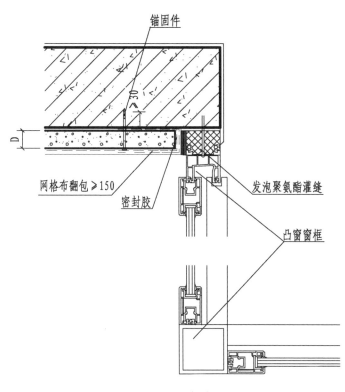

③ 凸窗平面节点

锚固件
网格布翻包≥150
密封胶
发泡聚氨酯灌缝
凸窗窗框

注：1. 凸窗窗套挑出长度和宽度详单体设计。
　　2. 密封膏参照相应材料窗进行封固。
　　3. 水泥发泡板保温厚度D详个体工程设计。

凸窗窗口保温	图集号	川16J116-TJ
审核 韦延年　　　校对 黎　力　　　设计 于佳佳	页　次	17

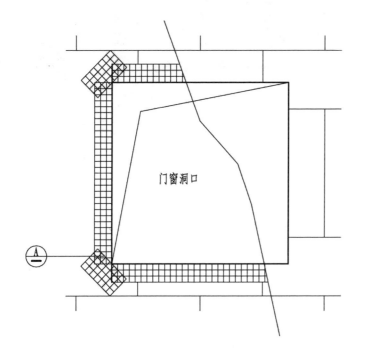

①门窗洞口网格布加强布置图

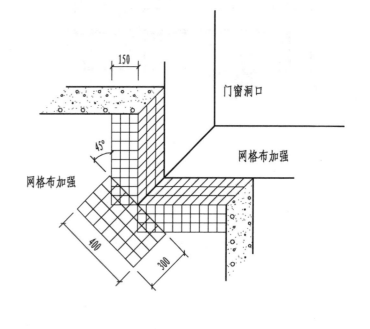

Ⓐ

门窗洞口网格布加强布置图	图集号	川16J116-TJ
审核 韦延年 [签名] 校对 黎 力 [签名] 设计 于佳佳 [签名]	页 次	18

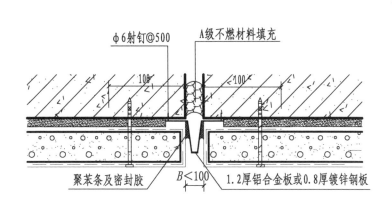

①变形缝(一)

φ6射钉@500　　A级不燃材料填充

聚苯条及密封胶　　B<100　　1.2厚铝合金板或0.8厚镀锌钢板

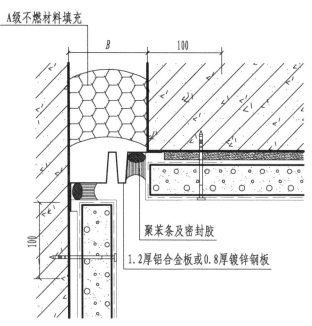

②变形缝(二)

A级不燃材料填充

聚苯条及密封胶

1.2厚铝合金板或0.8厚镀锌钢板

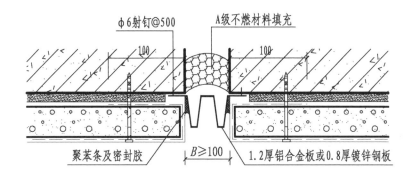

③变形缝(三)

φ6射钉@500　　A级不燃材料填充

聚苯条及密封胶　　B≥100　　1.2厚铝合金板或0.8厚镀锌钢板

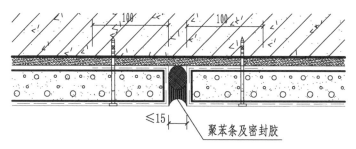

④变形缝(四)

≤15　　聚苯条及密封胶

变形缝	图集号	川16J116-TJ
审核 韦延年　校对 黎 力　设计 于佳佳	页 次	19

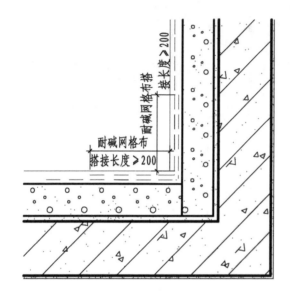

① 外墙阴角

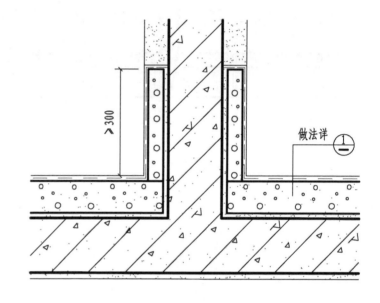

② 内外墙交接处

外墙内保温系统阴角、内外墙交接处	图集号	川16J116-TJ

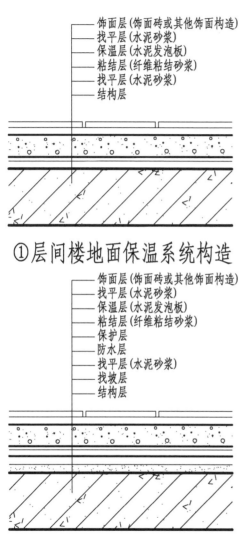

饰面层(饰面砖或其他饰面构造)
找平层(水泥砂浆)
保温层(水泥发泡板)
粘结层(纤维粘结砂浆)
找平层(水泥砂浆)
结构层

①层间楼地面保温系统构造

饰面层(饰面砖或其他饰面构造)
找平层(水泥砂浆)
保温层(水泥发泡板)
粘结层(纤维粘结砂浆)
保护层
防水层
找平层(水泥砂浆)
找坡层
结构层

③厨卫层间楼地面保温系统构造

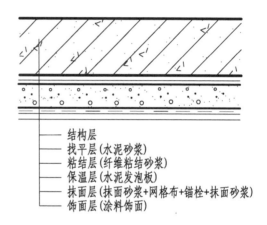

结构层
找平层(水泥砂浆)
粘结层(纤维粘结砂浆)
保温层(水泥发泡板)
抹面层(抹面砂浆+网格布+锚栓+抹面砂浆)
饰面层(涂料饰面)

②架空楼板下置保温系统构造

层间楼地面		图集号	川16J116-TJ
审核 韦延年	校对 黎 力	设计 于佳佳	页 次 21

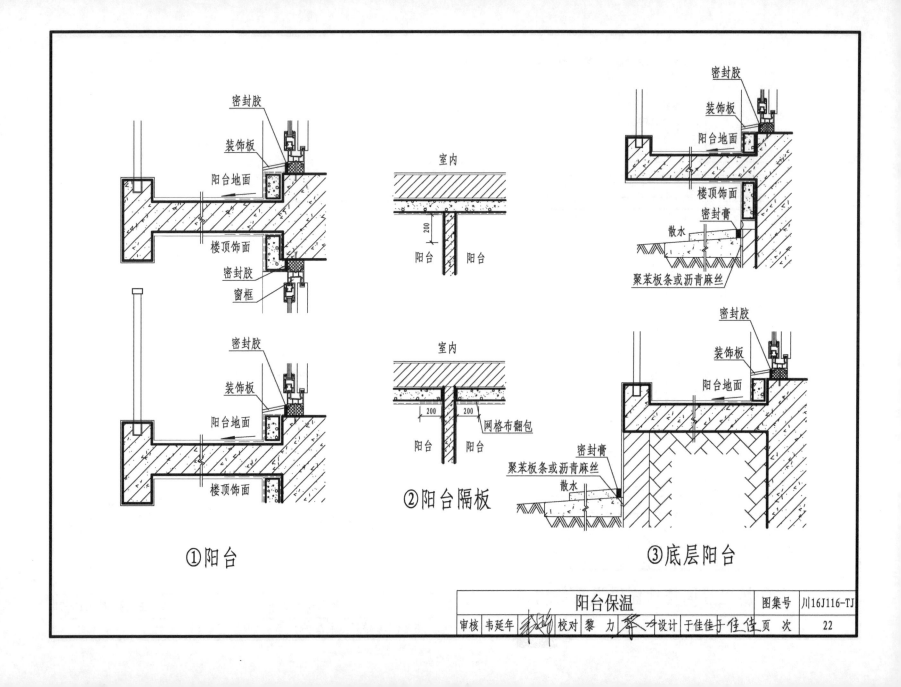

① 阳台

② 阳台隔板

③ 底层阳台

阳台保温		图集号	川16J116-TJ
审核 韦延年	校对 黎 力	设计 于佳佳	页次 22

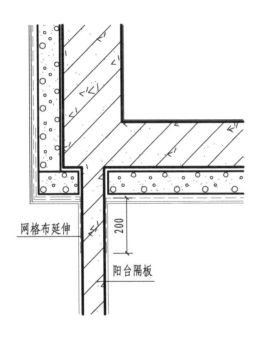

网格布延伸

200

阳台隔板

①外墙与阳台栏板节点

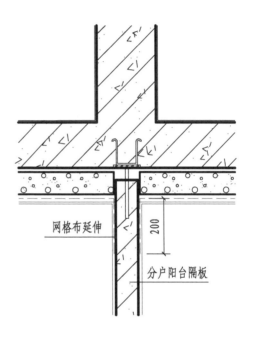

网格布延伸

200

分户阳台隔板

②外墙与阳台隔板节点

阳台栏板节点					图集号	川16J116-TJ
审核	韦延年		校对	黎 力	设计	于佳佳
						页 次	23

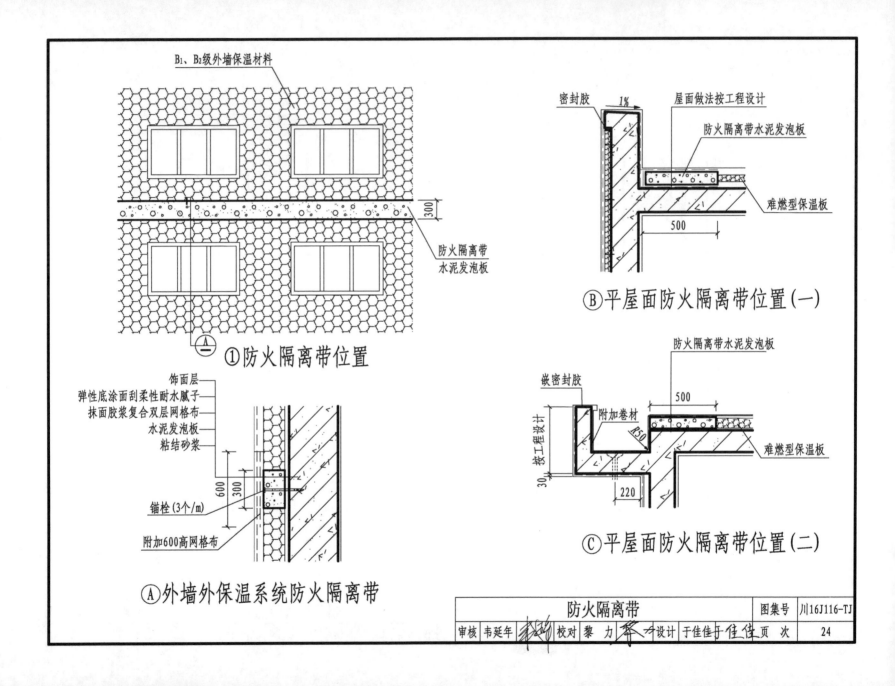

B₁、B₂级外墙保温材料

300

防火隔离带
水泥发泡板

① 防火隔离带位置

饰面层
弹性底涂面刮柔性耐水腻子
抹面胶浆复合双层网格布
水泥发泡板
粘结砂浆

600
300

锚栓(3个/m)

附加600高网格布

A 外墙外保温系统防火隔离带

密封胶   1%   屋面做法按工程设计

防火隔离带水泥发泡板

难燃型保温板

500

B 平屋面防火隔离带位置(一)

防火隔离带水泥发泡板

嵌密封胶

500

附加卷材

按工程设计

R50

30

220

难燃型保温板

C 平屋面防火隔离带位置(二)

防火隔离带			图集号	川16J116-TJ
审核 韦延年	校对 黎 力	设计 于佳佳	页 次	24

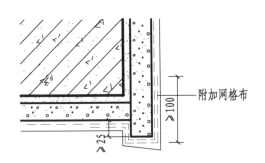

φ5透气孔

附加网格布

①滴水大样一

A 塑料滴水

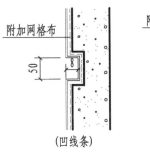

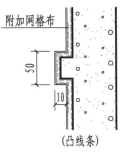

附加网格布

附加网格布

(凹线条)

(凸线条)

③装饰线条

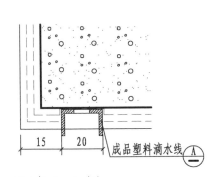

15 20

成品塑料滴水线 A

②滴水大样二

④转角件

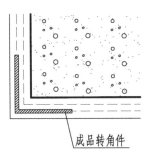

成品转角件

装饰线条、滴水大样、塑料滴水线和转角件	图集号	川16J116-TJ
审核 韦延年 校对 黎 力 设计 于佳佳	页 次	25

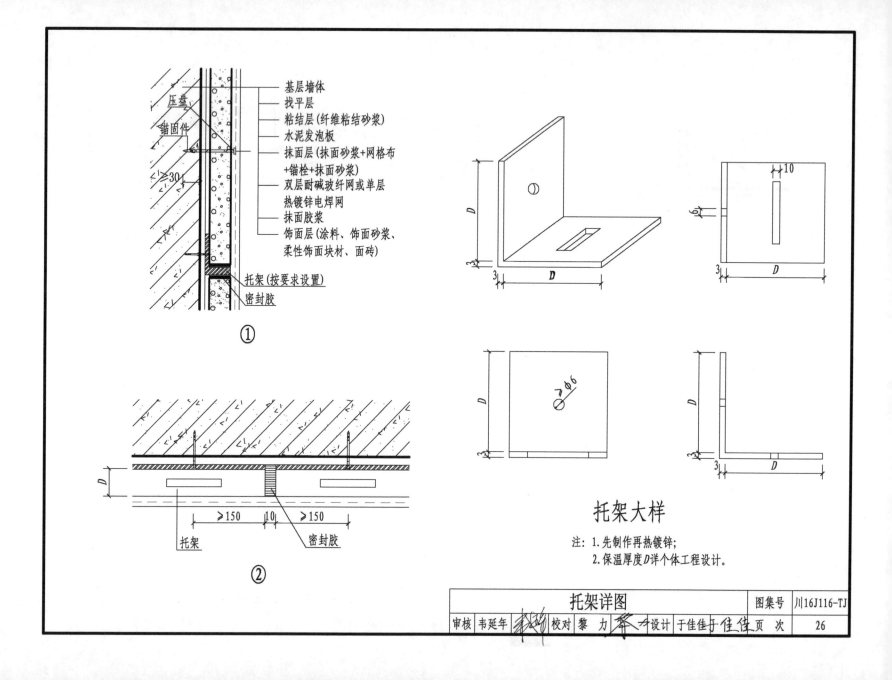

基层墙体
找平层
粘结层(纤维粘结砂浆)
水泥发泡板
抹面层(抹面砂浆+网格布+锚栓+抹面砂浆)
双层耐碱玻纤网或单层热镀锌电焊网
抹面胶浆
饰面层(涂料、饰面砂浆、柔性饰面块材、面砖)

压盘
锚固件
≥30

托架(按要求设置)
密封胶

①

≥150   10   ≥150
托架   密封胶

②

托架大样

注: 1.先制作再热镀锌;
    2.保温厚度D详个体工程设计。

托架详图		图集号	川16J116-TJ
审核 韦延年	校对 黎 力	设计 于佳佳	页 次 26

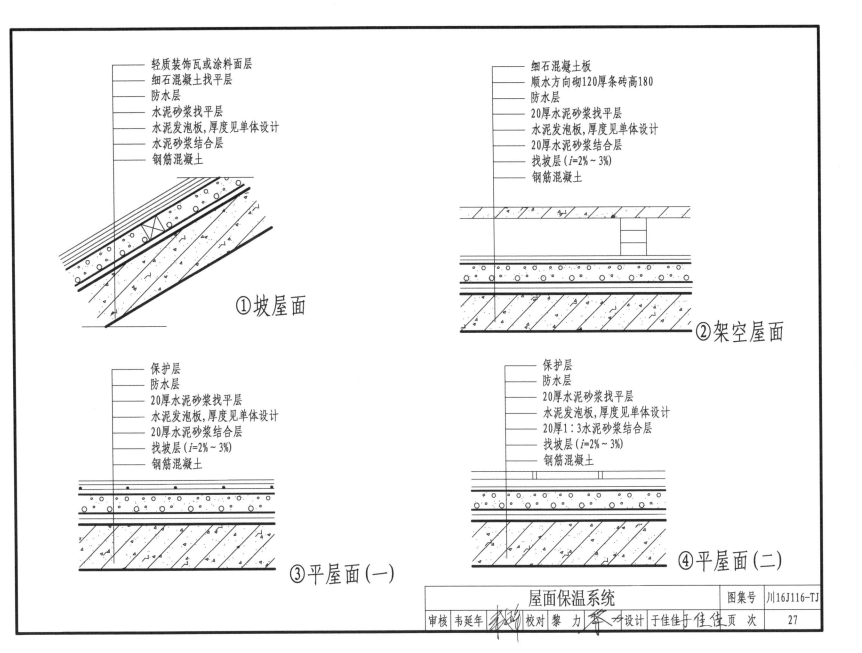

轻质装饰瓦或涂料面层
细石混凝土找平层
防水层
水泥砂浆找平层
水泥发泡板,厚度见单体设计
水泥砂浆结合层
钢筋混凝土

① 坡屋面

细石混凝土板
顺水方向砌120厚条砖高180
防水层
20厚水泥砂浆找平层
水泥发泡板,厚度见单体设计
20厚水泥砂浆结合层
找坡层($i=2\% \sim 3\%$)
钢筋混凝土

② 架空屋面

保护层
防水层
20厚水泥砂浆找平层
水泥发泡板,厚度见单体设计
20厚水泥砂浆结合层
找坡层($i=2\% \sim 3\%$)
钢筋混凝土

③ 平屋面(一)

保护层
防水层
20厚水泥砂浆找平层
水泥发泡板,厚度见单体设计
20厚1:3水泥砂浆结合层
找坡层($i=2\% \sim 3\%$)
钢筋混凝土

④ 平屋面(二)

屋面保温系统	图集号	川16J116-TJ
审核 韦延年　校对 黎 力　设计 于佳佳	页 次	27

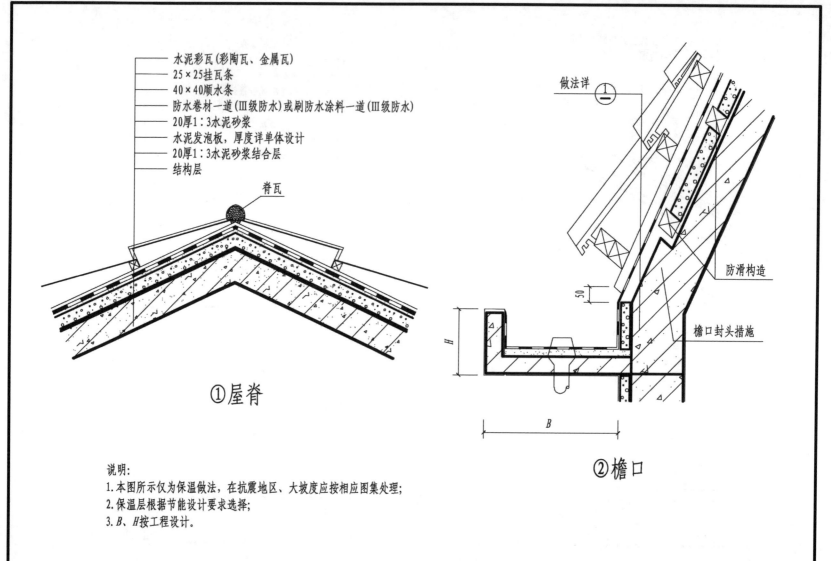

水泥彩瓦(彩陶瓦、金属瓦)
25×25挂瓦条
40×40顺水条
防水卷材一道(Ⅲ级防水)或刷防水涂料一道(Ⅲ级防水)
20厚1:3水泥砂浆
水泥发泡板,厚度详单体设计
20厚1:3水泥砂浆结合层
结构层

脊瓦

做法详 ①

防滑构造

檐口封头措施

50

H

B

① 屋脊

② 檐口

说明:
1.本图所示仅为保温做法,在抗震地区、大坡度应按相应图集处理;
2.保温层根据节能设计要求选择;
3.B、H按工程设计。

屋脊、檐口(一)	图集号	川16J116-TJ
审核 韦延年 校对 黎 力 设计 于佳佳	页 次	28

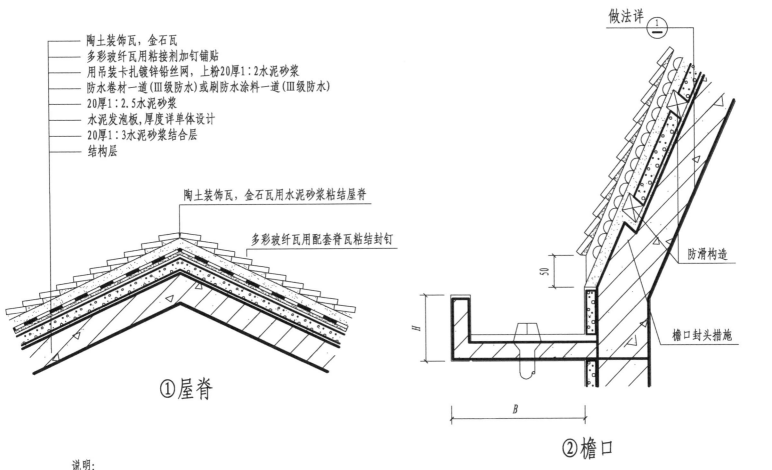

陶土装饰瓦，金石瓦
多彩玻纤瓦用粘接剂加钉铺贴
用吊装卡扎镀锌铅丝网，上粉20厚1∶2水泥砂浆
防水卷材一道(Ⅲ级防水)或刷防水涂料一道(Ⅲ级防水)
20厚1∶2.5水泥砂浆
水泥发泡板，厚度详单体设计
20厚1∶3水泥砂浆结合层
结构层

做法详 ①

陶土装饰瓦，金石瓦用水泥砂浆粘结屋脊

多彩玻纤瓦用配套脊瓦粘结封钉

防滑构造

檐口封头措施

①屋脊

②檐口

说明：
1.本图所示仅为保温做法，在抗震地区、大坡度应按相应图集处理；
2.保温层根据节能设计要求选择；
3.B、H按工程设计。

屋脊、檐口(二)	图集号	川16J116-TJ
审核 韦延年 校对 黎 力 设计 于佳佳	页 次	29

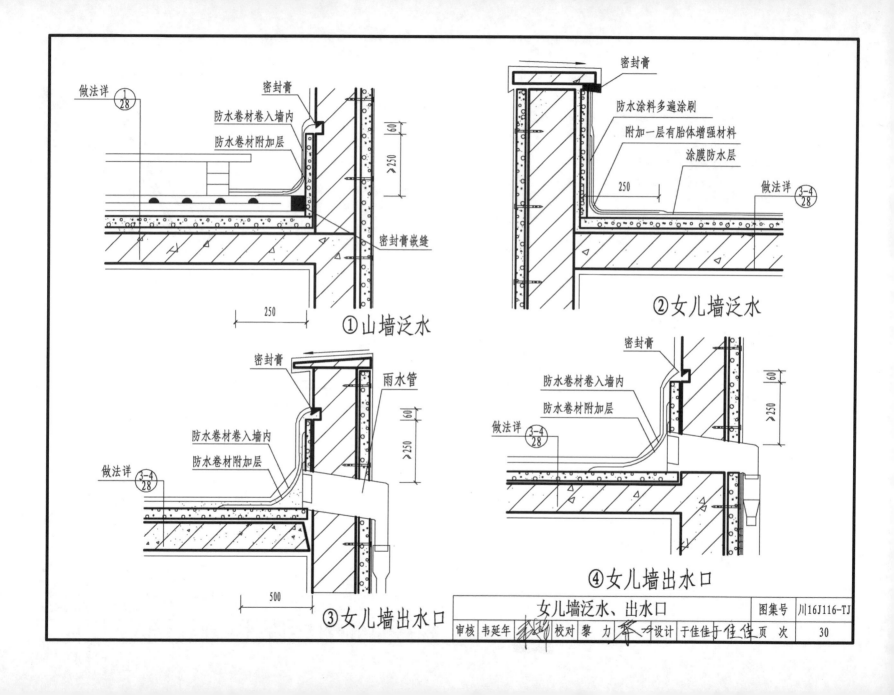

做法详 ①/28
密封膏
防水卷材卷入墙内
防水卷材附加层
≥250
60
密封膏嵌缝
250

① 山墙泛水

密封膏
防水涂料多遍涂刷
附加一层有胎体增强材料
涂膜防水层
250
做法详 3-4/28

② 女儿墙泛水

密封膏
雨水管
60
≥250
防水卷材卷入墙内
防水卷材附加层
做法详 3-4/28
500

③ 女儿墙出水口

密封膏
防水卷材卷入墙内
防水卷材附加层
做法详 3-4/28
60
≥250

④ 女儿墙出水口

女儿墙泛水、出水口	图集号	川16J116-TJ

审核 韦延年　校对 黎力　设计 于佳佳　页次 30

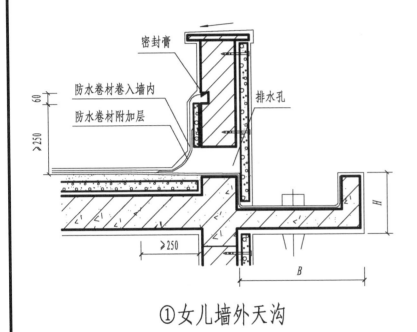

密封膏

防水卷材卷入墙内

防水卷材附加层

排水孔

60

≥250

≥250

B

H

①女儿墙外天沟

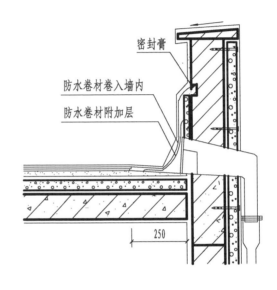

密封膏

防水卷材卷入墙内

防水卷材附加层

250

②女儿墙出水口

说明:
1.女儿墙高度单项工程设计未说明时不得小于400;
2.*B*、*H*详单项工程设计。

女儿墙天沟、出水口	图集号	川16J116-TJ
审核 韦延年 校对 黎 力 设计 于佳佳 页 次		31

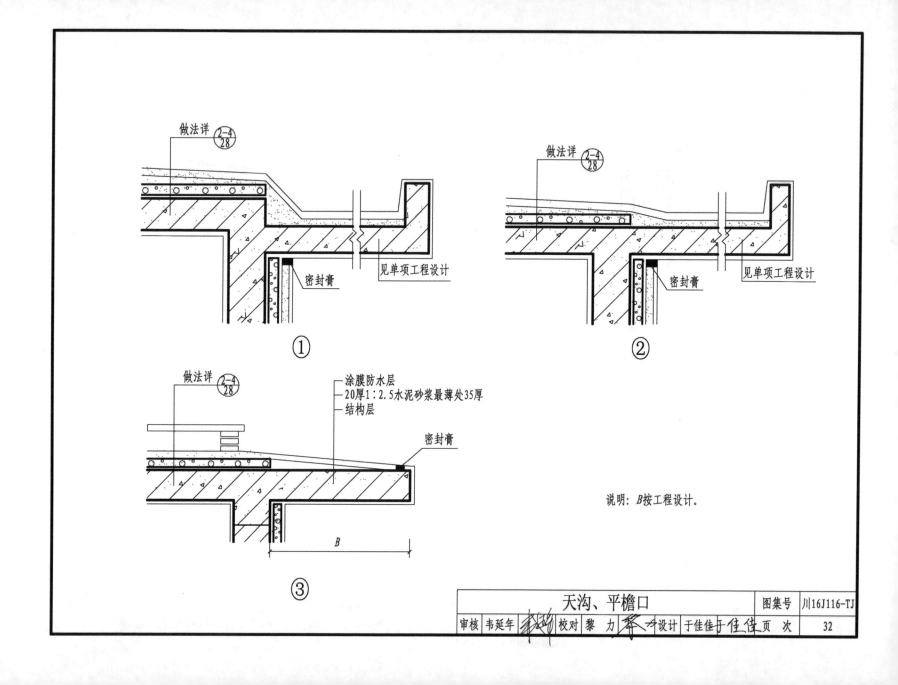

做法详 $\frac{2-4}{28}$

密封膏

见单项工程设计

①

做法详 $\frac{2-4}{28}$

密封膏

见单项工程设计

②

做法详 $\frac{2-4}{28}$

涂膜防水层
20厚1：2.5水泥砂浆最薄处35厚
结构层

密封膏

B

③

说明：B按工程设计。

天沟、平檐口	图集号	川16J116-TJ

审核 韦延年 　　校对 黎 力　　　设计 于佳佳　　页次 32

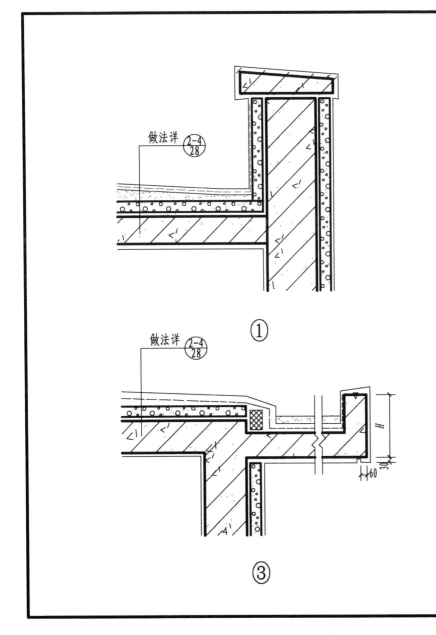

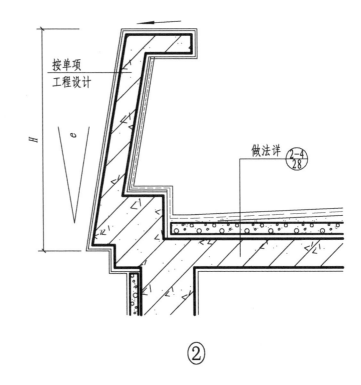

做法详 $\dfrac{2-4}{28}$

①

做法详 $\dfrac{2-4}{28}$

按单项
工程设计

H

e

做法详 $\dfrac{2-4}{28}$

②

做法详 $\dfrac{2-4}{28}$

H

60 30

③

天沟		图集号	川16J116-TJ
审核 韦延年	校对 黎 力 设计 于佳佳	页 次	33

公司简介

四川智胜广厦建筑节能科技有限公司，是以投资和研发为主业的智库性科技公司。公司自成立以来，立志于建筑整体节能事业，充分响应国家绿色建筑的号召与政策，专业研发建筑节能产品与技术，现已取得数十项建筑节能方向发明专利和实用新型专利。

结合我公司的专利技术，应四川省住建厅要求，与各主管部门、科研机构通力合作，编制：《四川省水泥基泡沫保温板建筑保温工程技术规程》（DBJ51/T05—2015）、四川省建筑标准设计（图集）：《水泥基泡沫保温板建筑保温系统建筑构造》（川16J116—TJ）、《水泥发泡板保温隔热工程补充定额》，取得《四川省科学技术成果推广应用备案证书》（系统），并建成10000 m³/月的产能，推出水泥基泡沫保温板（简称：水泥发泡板）全套技术和产品，该技术和产品可广泛应用于建筑保温隔热、防火、隔音等领域。

鉴于目前水泥发泡板所面临的市场机遇和我们具备的品质成本双领先优势，以及过硬的品牌、巨大的技术沉淀和储备，结合全新的商业模型，愿与所有的合作伙伴一起，坦诚合作，全面服务，共同成长，利益分享。无论您是材料使用者还是加盟供应商，我们都热忱期待……

"做良知企业，对未来负责"是我们的企业宗旨，创新、创造是我们矢志不渝的追求。我们倍加珍惜每一分荣誉与信赖，坚持"质量第一、用户至上、优质低价"的经营理念，不断将优秀的建筑节能产品和技术贡献给社会，与社会各界优势互补、同创辉煌！

如果您对我们的产品、技术和商业模型感兴趣或者有任何的疑问，可以直接与我们联络，我们将在收到您的信息后，第一时间及时响应您的需求。

联系人：张晓武
电 话：13808016602
网址：http://www.zsgsjn.com

相关技术资料					图集号	川16J116-TJ
审核 韦延年	校对 黎 力	设计 于佳佳			页 次	34